면진건축물 유지관리 가이드라인

(사)한국면진제진협회

Maintenance guideline of seismic isolating system

사단법인 한국면진제진협회
Korea Society of Seismic Isolation and Vibration Control

도서출판
구미서관

발간사

면진구조는 내진설계의 한 방법으로 도입되어 지진에 대해 가장 효과적으로 대응할 수 있는 구조이며, 1995년 고베지진, 2008년 니이가타 쥬에쯔지진, 2011년 동일본지진과 2023년 튀르키에 지진을 통해 면진효과가 입증되었다.

면진구조가 국내 건축물에 처음 도입된 것은 1999년도 이며, 2024년 현재 30여동의 면진건축물이 보급되었으며, 최근에는 스카이브릿지 등에도 적용되고 있다. 면진구조물의 안전성은 면진기능을 발휘하는 면진장치의 건전성과 성능에 의존한다고 할 수 있다. 따라서 평상시 면진장치 및 관련 부분의 유지관리계획을 체계적으로 수립하여 실시하는 것이 매우 중요하다.

현재 시설물의 안전 및 유지관리에 관한 사항은 제1종, 제2종 및 제3종 시설물에 대한 정기점검 및 정밀안전진단에 관한 지침이 제정되어 실시되고 있다. 또한, 다중이용시설을 중심으로 한 건축물관리법은 생애이력관리를 하고자 매뉴얼 등이 제정되었다. 그러나 면진구조는 특수구조임에도 불구하고 유지관리 및 점검지침과 매뉴얼이 부재하여 관리 및 점검이 체계적으로 실시되고 있지 않은 실정이다.

이에 (사)한국면진제진협회에서는 '면진건축물 유지관리 가이드라인'을 발간하였다. 평상시 건전한 면진건축물로 유지되고, 유사시에 면진기능이 발휘될 수 있도록 유지관리 점검항목과 점검방법 및 판정기준을 제시함으로써 점검기술자가 활용할 수 있도록 하였다.

본 가이드라인 작성은 (사)일본면진구조협회의 '면진건축물유지관리기준(2022)'을 참고하여, 국내에서 설계 및 시공된 사례를 중심으로 면진건축물의 유지관리에 대응할 수 있도록 노력하였다. 면진건축물의 기획, 설계, 시공, 유지관리의 각 단계에 있어서 점검 및 관리사항을 제시하여 면진건축물이 장기간에 걸쳐 유지관리를 수행하기 위한 사항을 중심으로 정리하였다. 또한 향후 (사)한국면진제진협회에서는 본 가이드라인을 활용한 면진건축물 점검기술자 교육을 실시하여 전문가를 양성할 예정이다.

향후, 우리나라에서도 면진건축물이 증가될 것으로 예상되며 본 가이드라인이 면진설계자, 면진시공자 및 점검기술자에게 도움이 되어 면진건축물의 건전한 발전에 기여할 수 있기를 기대한다.

(사)한국면제진협회

오 상 훈

집필진

Maintenance guideline
of seismic isolating system

위원장

이름	소속/직급	최종학위
황기태	(주)에코닝 / 대표	공학박사

간사

이름	소속/직급	최종학위
김진우	(재)한국건설생활환경시험연구원 내진센터 / 책임연구원	공학박사

집필위원

이름	소속/직급	최종학위
황기태	(주)에코닝 / 대표	공학박사
김희균	(주)에코닝 / 연구소장	공학박사
강재도	서울연구원 인프라기술연구실 / 연구위원	공학박사
김태수	한양대학교 ERICA 건축공학전공 / 교수	공학박사
김진우	(재)한국건설생활환경시험연구원 내진센터 / 책임연구원	공학박사
임지혜	동일고무벨트(주) 엔지니어링사업팀 / 매니저	공학석사
차문례	(주)씨엔알 건축기술팀 / 상무	공학석사
양재경	유니슨HKR(주) 기술연구소 / 선임연구원	공학석사

목 차

Definition

용어의 정의

Definition

용어의 정의

면진장치

건축물과 지반을 분리하는 것을 목적으로 설치되어 건축물의 하중을 지지하면서 수평방향으로 변형하는 장치

적층고무 면진장치

상하부의 플랜지에 의해 원형 또는 각형의 고무와 강판이 교차하여 적층된 장치

슬라이딩 면진장치

미끄럼재와 강판이 접촉하는 것으로 구성되며 접촉면의 슬라이딩에 의해 면진효과를 갖는 장치

구름운동 면진장치

연직하중을 지지하는 볼베어링과 지진 시 볼베어링이 이동되는 레일로 구성되는 장치

면진층

면진장치가 설치되어 있는 층

면진건축물 외주부

건축물 외주부에 면진건축물의 이격거리부를 덮는 내민슬래브와 면진 익스팬션조인트가 설치되어 있는 부분

아날로그식 변위계

지진 등의 큰 변위 발생 시 금속판 등의 기록판에 바늘로 수평방향 운지인을 기록하는 것

준공검사

면진건축물 준공시점에 시공자의 책임 하에 건축물소유자, 면진설계자, 공사감리자의 입회 하에 면진건축물의 검사를 실시하는 것

일상점검

건축물소유자 또는 건축물관리자는 면진건축물의 면진기능 유지를 위해 면진기능의 이상과 작동불량의 조기 발견을 목적으로 육안검사를 중심으로 하는 매년 실시하는 점검

정기점검

준공 후 1년(준공검사), 준공 후 5년, 준공 후 10년, 이후 매 10년마다 계측을 포함하여 실시하는 점검

긴급점검

재해시에 신속하게 대응할 목적으로 지진과 태풍 또는 수해 및 화재가 면진층에 영향을 미친 경우에 재해 직후 육안검사를 중심으로 실시하는 점검

정밀점검

일상점검, 정기점검, 긴급점검에서 면진장치에 이상이 발견된 경우, 원인파악과 대응을 위해 소유자의 지시에 따라 점검기술자 또는 제조자(계측이 복잡한 경우)가 계측을 포함하여 실시하는 점검

리모델링 후 점검

면진층 내 또는 건축물 외주부에서 면진기능에 영향이 있는 공사완료 후에 실시하는 점검

연직변위

면진장치의 상하 플랜지 사이 거리의 수직방향 변형량

수평변위

면진장치의 상하 플랜지 사이 거리의 수평방향으로 어긋난 변형량

방진커버

면진장치에 먼지와 같은 이물질 유입을 막기 위한 덮개

수직 내림추

공중의 한 점에서 늘어뜨린 가는 줄에 매단 추(연직선이나 수평면을 결정할때 사용됨)

플렉시블 이음(Flexible Joint)

설비배관 등이 상대변위를 받았을 때 그 상대변위를 흡수할 수 있도록 설치된 유연한 연결부분

열화

재료의 성능이 저하하는 현상

흠

재료 표면에 생긴 결함 등

피뢰설비

번개로부터의 피해를 방지하기 위해 건축물에 설치되는 설비

이격거리

지진 시 건축물이 다른 구조물 및 구조체와 접촉되지 않도록 마련된 공간

설계이격거리

건축물의 위치, 높이, 길이 등을 설정할 때 사용하는 설계용이격거리

최소이격거리

면진성능을 유지하기 위해 요구되는 최소한의 이격거리

수평이격거리

수평방향으로 구조체 간의 접촉·충돌하는 것을 방지하기 위한 이격거리

연직이격거리

연직방향으로 구조체 간의 접촉을 방지하기 위한 이격거리

성능설계

이격거리를 설정에 있어서 지진 시 건축물에 변위가 발생하였을 때 손상을 고려한 설정과 손상을 허용하지 않는 성능설계(무손상 설계) 방법으로 분류

면진 익스팬션조인트

건축물과 지면측의 공간에서 주로 사람 및 차량의 통행을 위해 설치된 플레이트

부동침하

건축물의 기초지반이 침하함에 따라, 건축물의 여러 부분에서 불균등하게 침하를 일으키는 현상

Maintenance guideline of seismic isolating system

Chapter 1

총 칙

Chapter 1

총 칙

1.1 목적

1979년 10월 준공된 성수대교가 1994년 10월, 15년 만에 붕괴되었고, 1989년 12월 개장된 삼풍백화점은 6년만인 1995년 6월 붕괴되었다. 이 원인으로 부실시공과 무리한 설계변경 및 부실관리 등이 지적되었다. 이로 인해 1994년 한국건자재시험연구원이 설립되었으며 1995년 국가공인시험기관으로 지정되었다. 또한, 1995년 1월 시설물의 안전 및 유지관리에 관한 특별법(이하, 시특법)이 제정·시행됨에 따라 시설안전기술공단이 설립되어 1996년부터 안전점검 및 정밀안전진단을 시작하게 되었다.

시특법에는 안전점검 및 정밀안전진단의 대상이 규모와 종류에 따른 제1종시설물, 제2종시설물 및 제3종시설물로 구분 및 지정되어 있고, 이에 따라 안전진단기관이 점검 및 진단을 수행할 수 있도록 시기와 방법만을 정하고 있다. 2014년 경주 마우나오션리조트 붕괴사고 이후 2015년 건축법과 동법시행령 제2조 제18호에 특수구조 건축물의 범위가 정의되었으며, 건축법시행령 제6조의3에 특수구조 건축물의 구조 안전의 확인에 관한 특례가 신설되었다. 특수구조 건축물에는 특수공법이나 장치를 사용하는 건축물이 포함되어 있으며, 주요구조부에 면진장치를 사용한 건축물은 이에 해당한다. 공법이나 장치의 건전성이 유지되어야 건축물의 성능이 유지될 수 있기에 점검기술자는 공법의 특수성과 장치의 매커니즘에 대한 이해를 바탕으로 점검 및 진단을 수행하여야 한다.

1999년 국내 처음으로 면진건축물이 준공된 이후, 규모와 용도가 다양한 면진건축물과 고층아파트 또는 초고층 건축물에 설치된 스카이브릿지 등 면진장치의 적용이 활발하게 이루어지고 있다. 하지만, 지금까지 국내 면진건축물 유지관리 가이드라인은 마련되어 있지 않았다. 그리고, 안전점검 및 정밀안전진단의 대상인 제1종시설물 (21층 이상 또는 연면적 50,000㎡ 이상의 건축물)과 제2종시설물 (16층 이상 또는 연면적 30,000㎡ 이상의 건축물)의 스카이브릿지에 적용된 면진장치의 유지관리는 대부분 이루어지지 않고 있다. 이에 따라 면진건축물 유지관리에 대한 점검대상과 항목 및 건전성 점검기준 등의 설정이 시급하다. 또한, 면진층은 지정된 일부 관계자 외 일상적인 출입이 제한적인 곳이 많기 때문에 상시 유지관리 점검이 힘들고 이상 유무를 조기에 발견하기 어렵다. 면진층 내부의 습기로 인한 녹 및 부식이 발생하는 등의 환경적 문제와 면진기능을 방해하는 설비 등의 물리적 문제 등에 의해 면진기능을 제대로 발휘할 수 없기에 면진건축물의 성능을 유지할 수 있도록 정기적인 관리가 필요하다.

건축법 제2조1항 제2호에서 정의한 건축물의 안전과 기능 등의 사용가치를 과학적이고 체계적으로 유지하기 위해 건축물관리법이 2020년 5월에 제정·시행되었으며 건축물관리법 시행령 제7조에 따라 특수한 건축물의 구조안전 확인을 하도록 하고 있다. 그러나 이 내용은 일반적인 점검내용과 기본적인 점검자의 자격에 대해서만 기술되어 있으며, 특수공법이나 장치의 점검방법 등에 대해 구체적으로 명시하고 있지 않다. 따라서 현재까지는 안전진단전문기관의 정밀안전진단 교육이나 건축물관리법의 정기점검 책임자 보수교육을 이수하면 면진구조의 매커니즘과 면진기능에 대한 전문지식이 없이도 일반건축물과 동일한 방법으로 면진건축물 유지관리를 할 수 있다. 하지만 면진건축물에는 일반건축물에 적용되지 않는 다양한 면진장치가 사용되며 평상시에 건전성이 유지되고, 지진 시에 면진기능을 발휘할 수 있도록 전문적인 면진건축물 점검기술자가 필요하다.

건축물관리법 시행령 제8조4항에는 특수구조 건축물에 대해 준다중이용 건축물에 해당하는 경우로 정기점검 대상을 제한하고 있다. 또한, 건축물관리법 제12조2항에 건축물 관리방법·절차 및 점검기준을 강화 및 변경하여 유지·관리를 하겠다는 목적으로 시행하고 있으나, 면진건축물의 경우 점검대상과 방법, 기준 및 점검자에 관한 규정이 없다.

면진건축물은 면진기능을 발휘할 수 있는 특유의 장치를 사용하여 설계하고 시공하는 특수구조로, 안전성은 면진기능과 관련된 특성에 의존하게 된다. 지진 시에 면진기능이 잘 발휘할 수 있도록 하기 위해서는 일상적으로 면진장치와 관련 부분의 유지관리 계획을 작성하고 실행하는 것이 중요하다.

이에 (사)한국면진제진협회(이하, 협회)에서는 면진성능이 검증된 면진건축물을 보급하고 안전하고 건전한 유지관리에 공헌한다는 설립취지에 따라 '면진건축물 유지관리 가이드라인'을 발간한다. 또한, 2023년부터 실시하고 있는 면진건축물 점검기술자(이하, 점검기술자) 인정제도를 통해 전문가를 양성하고자 기술강습회를 개최하고 시험을 통해 자체 자격을 부여함으로써 올바른 점검 및 진단을 통한 면진기능을 유지관리하는 것을 목표로 한다.

이 가이드라인은 면진건축물의 유지관리에 대한 기본방침을 제시한 것으로 면진설계자는 이를 바탕으로 면진장치의 특성을 고려하여 점검항목과 관리기준치 설정 및 진단기준 등의 유지관리 계획을 수립할수 있도록 하였다. 면진시공자는 준공검사에서 관리 초기값을 측정하여 준공검사보고서에 포함시켜 제출하고, 건축물소유자 또는 건축물관리자는 준공검사 결과를 기준으로 점검기술자에게 유지관리 계획서가 포함된 문서를 제공하여, 점검기술자가 실시하는 점검업무에 관해서는 그 책임 범위를 명확하게 결정할 필요가 있다. 점검기술자는 면진건축물에 대한 충분한 이해도를 가지고 가이드라인에 따라 점검실시계획을 작성하여 유지관리를 수행해야 한다.

1.2 유지관리 기본사항

1.2.1 적용범위

이 가이드라인은 면진건축물의 면진기능 중 주로 면진장치의 변형, 면진건축물의 가동범위, 체결부분의 손상과 열화, 면진층의 환경변화 등의 관련된 부분에 적용하고 각종 점검방법에 대한 기준을 제시하고 있다.

각 제품의 성능 및 품질(특성 및 내구성 등)에 대해서는 제조단계에서 설계자 및 시공자가 제조자와 협의하여 승인한 것으로 하고, 제조품질은 제조자 책임으로 본 가이드라인의 적용에서 제외한다.

① 면진장치 : 적층고무계 장치, 슬라이딩계 장치, 구름운동 장치 등
② 설비배관 : 플렉시블조인트, 배관주변 이격거리
③ 전기설비배선 : 변위흡수부(여장), 피뢰설비(피뢰도체, 접지)
④ 면진층 : 면진층 내 이격거리, 사용현황 및 면진층 환경상황
⑤ 면진건축물 주변부 : 건축물외부둘레(외주부)의 공작물, 건축물, 배관, 수목, 차량 등과의 이격거리, 면진익스팬션조인트(가동상황, 손상・열화)
⑥ 내회피복 : 피복재의 외관(벗겨짐, 뜯어짐, 볼트의 이완(느슨함), 손상, 어긋남, 틈)
⑦ 기타 : 면진장치 연결부 구조체(상하기초 등), 면진건축물의 표시, 별도시험체, 건축물변위계측(내림추, 기록식 변위계), 기타

1.2.2 유지관리체계와 역할

면진건축물의 유지관리 체계와 역할과 범위는 다음 그림 1.1 및 표 1,1과 같다.

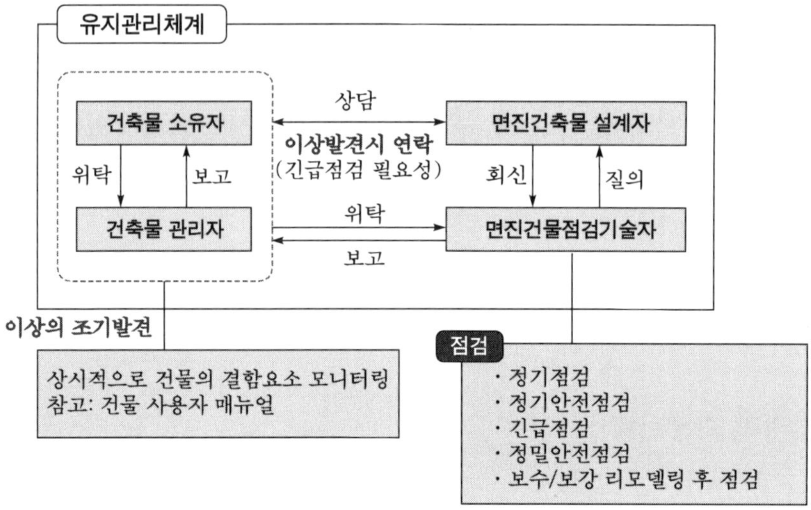

그림 1.1 면진건축물의 유지관리 체계

표 1.1 면진건축물 유지관리 역할과 범위

구분	역할
건축물 소유자	• 책임자로서 면진건축물 전반의 유지관리를 실시(설계가가 수립한 유지관리계획에 따름) • 일상적인 면진층 및 관련부분의 이상 감시 • 건축물관리자를 별도로 지정하는 경우에는 유지관리업무 위탁 • 건축물관리자 또는 점검기술자로부터 보고를 받아 이상이 발생한 경우에는 적절한 개선 조치 등의 실시 • 판단이 곤란한 경우에는 건축물설계자에게 협의하고 그 판단에 따라 적절한 조치 • 피해 시에는 신속하게 대응하기 위해 응급점검 대응방법을 사전에 결정 • 공동주택의 경우에는 관리조합 등이 해당
건축물 관리자	• 건축물소유자에게 건축물의 관리를 위탁받은 자 • 설계도서에 따른 면진건축물의 유지관리실시 • 일상적인 면진층 및 관련부분의 이상 감시
면진 설계자	• 유지관리 계획의 작성과 관리기준치 또는 관리값의 설정과 설계도서에 명기 • 건축물소유자, 건축물관리자의 의뢰에 따라 상담을 포함한 유지관리체제에 협력 • 점검기술자로부터의 질의에 대한 회답 • 설계도서에 기재된 사항 이외의 사안이 발생한 경우 소유자에 대해 적절한 개선책의 제안 및 조언 • 점검에 따라 판정해야할 사안이 발생한 경우 판단과 조치의 제안

구분	역할
점검 기술자	• 건축물소유자 또는 건축물관리자로부터 위탁에 따른 유지관리에 있어서 점검실시계획의 작성 • 면진건축물의 유지관리점검 실시 • 작업현장에 있어서 안전확인과 대책 실시 • 점검결과보고서의 작성과 건축물소유자 또는 건축물관리자에 보고 • 점검결과로부터 문제점의 지적(이상 등이 발생한 경우 사진 등을 활용, 개선 방법의 제안은 범위이외)
면진 시공자	• 책임자로서 준공검사를 수행하고 면진장치 준공검사 보고서 작성 • 검사보고서에 대해서 공사감리자의 승인을 받아 건축물 인도 시에 공사감리자, 건축물소유자, 건축물관리자에게 제출 • 준공검사가 향후 유지관리점검의 초기치가 되도록 계측방법 등에 대해서 공사감리자 및 건축물소유자와 협의한다.

1.2.3 면진건축물 유지관리 점검의 종류

면진건축물의 유지관리 점검의 종류는 점검목적에 따라 다음과 같이 분류하고 필요한 시기에 점검기술자가 실시하는 것을 원칙으로 한다. 점검결과 대책이 필요한 경우에는 건축물소유자, 건축물관리자, 면진설계자 등 관계자가 대책을 협의하여 제시하도록 한다.

(1) 준공검사

준공검사는 면진건축물 준공시점에 시공자의 책임아래 건축물소유자, 면진설계자, 공사감리자의 입회하에 면진건축물의 검사를 실시하는 것이다. 면진층의 준공검사는 향후 각종점검에 필요한 초기값을 계측하는 매우 중요한 검사이다. 준공검사는 면진건축물의 기능에 관한 전문적인 지식이 필요하므로 점검기술자에게 위탁하여 준공검사를 실시하는 것을 권장한다. 특히 면진 익스팬션조인트는 정기점검 시 마감공사 등이 있는 경우에는 준공검사와 함께 관련 검사를 하는 것이 곤란하기 때문에 시공자 입회하에 제조자가 검사·점검하는 경우도 있다. 이 때문에 이 가이드라인에서는 준공검사도 유지관리의 시작이라고 간주하고 있다. 또한, 준공검사 결과는 건축물소유자 또는 건축물관리자가 보관한다.

면진설계자는 유지관리 점검에 필요한 점검항목과 관리값 이외에 면진건축물에 상시 구비하는 것이 바람직함(내림추 등)을 설계도서에 명기하여 준공검사에서 존재를 확인하도록 한다. 설계도서에 해당 내용이 없는 경우에는 건축물소유자와 면진설계자의 허가를 받아 시공자가 설치한다.

(2) 일상점검(매년)

건축물소유자와 건축물관리자는 면진건축물의 면진기능 유지를 위해 면진기능의 이상과 작동불량의 조기 발견을 목적으로 육안검사를 중심으로 한 점검을 매년 실시한다. 특히, 강재부분의 도장 열화와 녹발생, 슬라이딩계장치의 슬라이딩면의 오염 등, 사이 간격이 긴 정기점검에서는 늦게 발견되어 작동불량으로 이어질 수 있는 부분을 확인하는 중요한 점검이다. 또한 준공검사에서 점검을 실시하지 않는 부분에 대해서도 일상점검 시에 건축물소유자 또는 건축물관리자가 위탁한 점검기술자가 실시한다.

(3) 정기점검(준공 후 1년, 준공 후 5년, 준공 후 10년, 이후 매 10년마다)

면진건축물은 준공 후 1년(준공검사), 준공 후 5년, 준공 후 10년, 이후 매 10년마다 계측을 포함한 점검을 실시한다. 또한 정기점검은 점검빈도의 간격이 길어지기 때문에 이 점검결과는 다음 회차의 정기점검까지 손상 또는 열화상황을 예측하는데 매우 중요한 점검이 된다. 준공검사에서의 미실시 항목은 정기점검 시에 준공검사와 동등한 검사(점검)를 실시하는 것으로 하고 이 검사(점검)의 결과를 초기치로 하여 이후의 변화를 확인한다. 점검의 실시는 건축물소유자 또는 건축물관리자가 위탁한 점검기술자가 실시한다.

(4) 긴급점검

재해 시 신속하게 대응할 목적으로 당해 부지에 있어서 지진과 태풍 또는 수해 및 화재의 영향이 면진층에 미친 경우, 재해 직후 육안검사를 중심으로 한 점검을 실시한다. 긴급점검을 필요로 하는 당해 부지에 대한 진도 또는 풍속은 면진설계자가 설정하거나, 점검실시의 판단은 가장 가까운 기상대의 관측값을 참고로 한다. 재해 직후의 긴급점검 대신 정밀점검을 실시하는 경우도 있다. 또 대지진 후에는 여진이 발생하는 경우가 많아 점검 중에 건축물이 크게 움직일 가능성이 있으므로 좁은 장소 등 위험 부위에는 근접하지 않도록 한다.

(5) 정밀점검

일상점검, 정기점검 및 긴급점검에서 면진장치에 이상이 발견된 경우에는 그 원인의 파악과 대응을 검토하기 위해 건축물소유자의 지시에 따라 점검기술자가 실시하고, 계측이 복잡한 것은 제조자가 계측을 포함한 정밀점검을 실시한다. 점검의 결과가 이상하다고 판단되는 경우에 대해서는 건축물소유자, 면진설계자, 면진시공자 및 제조자가 협의하여 보수 또는 교체 등을 결정한다. 또한 정밀점검은 일상점검, 정기점검 및 긴급점검의 결과에서 실시유무를 판단하므로 그 설계감리비용은 별도로 된다는 것을 사전에 소유자에게 설명해둘 필요가 있다.

점검의 실시는 건축물소유자 또는 건축물관리자가 위탁한 점검기술자 또는 계측이 복잡한 경우에 대해서는 제조자가 실시한다.

(6) 리모델링 후 점검

면진층 내 또는 건축물 외주부에서 면진기능에 영향이 있는 공사가 완료된 후에 실시한다. 점검의 범위는 공사가 면진성능에 영향을 미치는 범위로 하고 그 부분에 대해서는 전수점검을 실시한다. 점검항목은 준공검사에 준하여 실시한다. 또한 공사 완료 시에 상기의 정기점검을 앞당겨서 하는 점검은 병합하여 같이 실시할 수 있다. 점검의 실시는 건축물소유자 또는 건축물관리자가 위탁한 점검기술자가 실시한다.

표 1.2 면진건축물 유지관리 종류와 시기

점검의 종류	시기	실시 책임자	방법	개소	관리값	내용
준공검사	건축물 준공시	시공자	육안·계측	전수	면진 설계자가 제시	면진장치, 설비배관, 전기설비, 면진층, 건축물 외주부, 이격거리, 익스팬션조인트, 유지점검용 마킹, 기타(면진장치 연결부, 면진건축물 표시, 아날로그식변위계, 별도시험체, 기타)
일상점검	매년	건축물 소유자 또는 건축물 관리자	육안	전수	면진 설계자가 제시	준공검사에 기재된 내용에 대해서 육안을 중심으로 점검 특히, 강재부도장 열화와 녹발생, 슬라이딩장치의 슬라이딩면의 오염, 건축물 외주부의 이격거리 (수목, 공작물 설치)
정기점검	준공시, 준공 후 5년, 10년, 이후 매10년마다		육안·계측	육안은 전수, 계측은 표본 조사		준공검사 보다 점검항목을 요약 (점검기술자가 실시하는 것이 조건)
긴급점검	재해시		육안	전수		피해 장소를 특정하거나 건축물관리자와 면진설계자에게 신속하게 정보를 전달하기 위한 점검으로 일상점검에 준한다.
정밀점검	일상, 정기, 긴급점검 등에서 이상이 인정된 경우		육안·계측	면진 설계자가 정함		이상이 인정된 부위를 중심으로 피해 장소는 중점적으로 점검
리모델링 공사후 점검	면진기능에 영향이 있는 공사가 실시된 경우		육안·계측	공사 개소 전수		공사 개소 및 영향이 미치는 범위

주) 유지점검 실시는 면진점검 기술자가 실시
표본검사의 경우 : 종류별로 다른 장치를 전수의 10%이상 이거나 3개 이상을 원칙으로 한다.
종류가 다른 장치 : 종류가 다르거나, 고무의 물성치가 상이, 형상계수가 크게 차이 나는 경우로 하고 크기만 다른 경우에는 동일한 종류로 취급한다. 육안은 전수로 실시하고 전수의 1/2이상을 기록(사진 등)한다. 다만, 작동불량이 발견된 경우에는 전수 기록한다.

1.2.4 면진건축물 점검대상과 항목

유지관리 점검대상은 면진건축물의 면진기능에 관한 부분으로 다음의 점검부에서 확인해야 하는 항목에 대해서 실시한다. 또한 구체적인 점검대상부와 항목은 다음 표 1.3과 같다.

표 1.3 면진건축물 점검대상과 항목

대상	종류	상세	점검항목
면진 장치	면진 장치	적층고무계 장치 슬라이딩계 장치 구름운동 장치	외관
			강재부(연결부)
			연결부 구조체
			변위
			방진커버 등
면진층	건축물과 옹벽의 이격거리	지정계측위치	수평이격거리
			상하이격거리
			수평 및 상하 마킹위치
	면진층 내 환경		장애물 , 가연물
			배수상황
	건축물위치	내림추	설치위치
			이동량
설비배관 및 전기배선	설비배관의 이음	상하수도, 가스, 기타배관	설치위치
			이음고정부, 매단철물, 고정용철물 등의 상황
	전기배선	전원, 케이블랙, 구조체, 외주부 등	상호 이격거리
건축물 외주부	건축물주변	구조체, 내민 슬래브, 주변설비	이격거리
			장애물
		내민슬래브와 옹벽사이 거리	수평 개구부
	면진 익스팬션 조인트		면진 익스팬션 조인트의 위치
			가동, 작동상황
			연결부의 상황
기타	면진건축물표시		설치위치
	아날로그식 변위계		설치위치
			이동량
	별도시험체		설치위치
			강재부(연결부)
	기타 작동불량		현저한 작동불량

• 면진장치

면진장치는 건축물하중을 지지하면서 수평방향으로 변형하는 것으로 지진력의 저감효과를 발휘하는 것으로 적층고무, 슬라이딩계, 구름운동계의 면진장치가 있다. 유지관리 점검에 있어서는 면진장치에 이상한 변형이 발생하지 않았는지 또는 연결부에 녹이나 풀림이 없는지를 확인한다. 또 점검 시에 경년변화를 추적조사하기 위한 계측지점의 마킹 및 볼트의 풀림을 확인할 수 있는 마킹이 되어 있는지를 확인하는 것이 중요하다.

• 면진층

면진층은 면진장치가 설치되어 있는 층을 말하며, 지진 시 면진부분과 비면진부분과의 상대변위에 대해 충돌과 손상이 발생하지 않노록 하는 것이 중요하다. 특히 건축물과 옹벽 사이의 이격거리는 면진건축물의 안전성을 확보하는데 있어서 매우 중요하다. 따라서 면진건축물의 점검에 있어서 면진층의 환경(습기와 가연물의 유무) 및 구조체와의 이격거리를 확인하여야 한다. 점검 시에는 경년변화를 추적조사하기 위하여 건축물 위치를 계측하는 지점에 마킹해야 한다.

• 설비배관 및 전기배선

면진건축물에는 라이프라인으로서 수도, 가스, 전기, 하수 등이 외부로부터 인입된다. 그러나 면진건축물은 지진 시에는 수평방향으로 움직이기 때문에 라이프라인도 지진 시에 발생하는 상대변위에 대해 움직일 수 있도록 배관에 플렉시블조인트와 배선에 여장이 필요하게 된다.

따라서, 유지관리에 있어서 플렉시블조인트의 연결부의 손상과 설비배관 사이 또는 다른 부재와의 상대변위에 대해서 충돌과 손상이 발생하지 않는다는 것을 확인하고 배선에 대해서는 여장이 확보되어 케이블 랙과 다른 부재와의 상대변위로 충돌과 손상이 발생하지 않는다는 것을 확인한다. 피뢰설비에도 상대변위에 따른 여장 등을 확보해야 한다.

• 면진건축물 외주부

건축물 외주부에는 면진건축물의 이격거리부를 덮는 내민슬래브와 면진 익스팬션조인트가 설치되어 있다. 이것은 지진 시에는 건축물과 함께 움직이므로 비면진부와 면진부의 상대변위에 대해서 충돌과 손상이 발생하지 않는 것이 중요하다. 따라서 유지관리에 있어서는 내민슬래브를 포함한 건축물과 주변 설비(개폐문, 저수조 등)의 이격거리와 면진 익스팬션조인트의 외관이 지진 시에 예상되는 움직임으로 변형에 의한 충돌과 손상이 발생하지 않음을 확인해야 한다.

• 기타

면진건축물의 표시가 설치되어 있는 것이 바람직하다. 아날로그식 변위계(설치권장)가 있는 경우 변위기록기능에 열화가 없도록 한다. 별도시험체가 있는 경우에는 설치상황의 확인 및 가압기가 지정값인 지를 확인한다. 점검대상 이외의 항목이어도 현저한 동작 불량이 발견되는 경우에는 확인한다.

Maintenance guideline of seismic isolating system

Chapter 2

유지관리 점검 요령

Chapter 2

유지관리 점검 요령

이 장에서는 유지관리 계획에 따라 각종 점검을 수행할 때 이용되는 계측 방법, 사용 기구, 계측위치 등에 관한 내용을 설명한다. 일상점검에서는 육안으로 점검하고 계측은 실시하지 않는다.

2.1 면진장치

(1) 적층고무 면진장치

a) 고무의 외관

가) 이물질 부착

· 적층고무나 강재부분에 유해한 이물질의 부착유무를 육안으로 확인한다.

나) 손상길이와 깊이 (그림 2.1.1 및 그림 2.1.2 참조)

· 줄자 또는 캘리퍼스 등으로 적층고무에 발생한 손상길이와 깊이를 측정한다.

· 손상길이와 깊이의 계측은 손상별로 실시하고 최대길이를 기록한다.

· 계측값은 기록한 값 중 최댓값으로 한다.

· 측정 단위는 mm이고 정수로 기록한다.

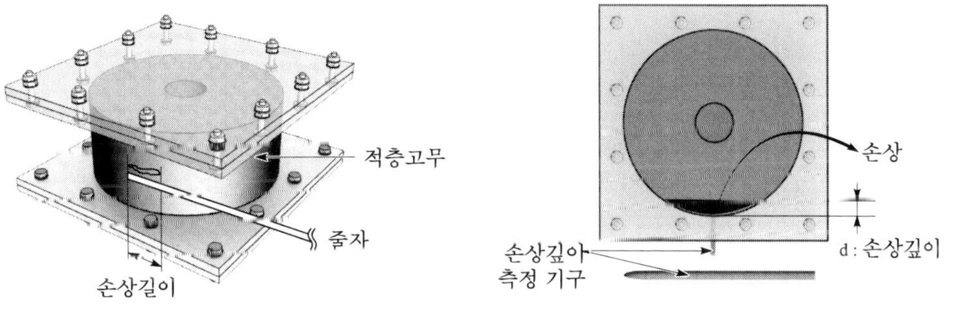

그림 2.1.1 적층고무 받침 손상계측

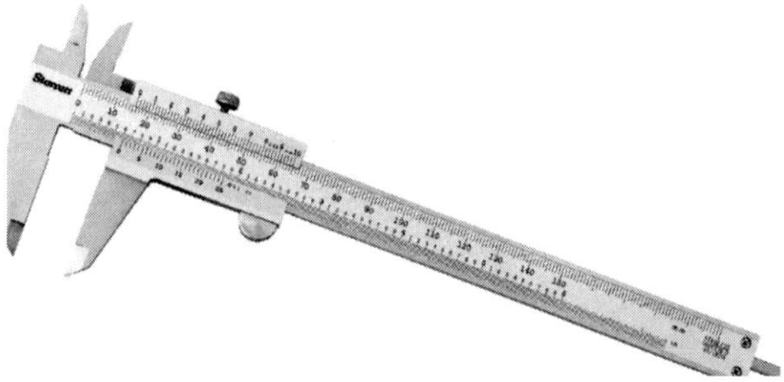

그림 2.1.2 측정장비 예시(버니어켈리퍼스)

b) 강재부분의 상태(녹, 부식, 체결부)

가) 녹 및 부식 (그림 2.1.3 참조)

· 육안으로 적층고무 플랜지 및 체결볼트의 녹 발생 상태를 확인한다.

나) 체결부 (그림 2.1.4 참조)

- 체결마킹의 유무와 어긋남이 있는지를 확인한다.
- 타음 검사 및 수동 회전 검사 등으로 볼트체결의 풀림이 있는지를 확인한다.
- 그림 2.1.4에 표시한 A부분에 틈이 있는지를 확인한다.

※ 체결마킹은 시공할 때 시공책임자가 마킹한 것을 의미한다.

주) 면진장치 설치 시 볼트를 체결한 경우, 준공할 때 느슨해지는 경우가 많기 때문에 재체결을 표시하기 위해 마킹을 이중으로 실시하는 경우도 있다.

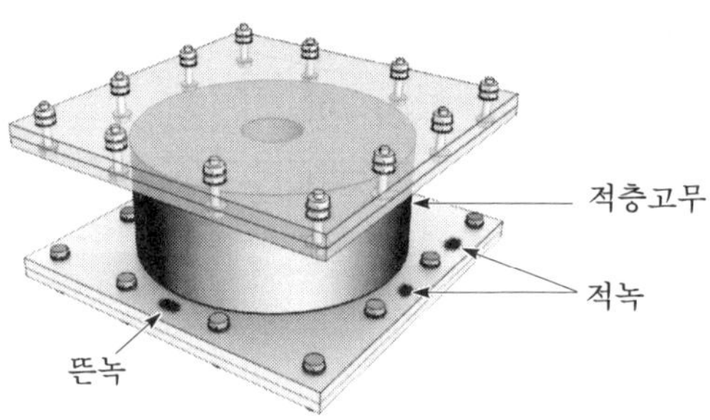

그림 2.1.3 적층고무 면진장치의 녹 및 부식 상태 확인

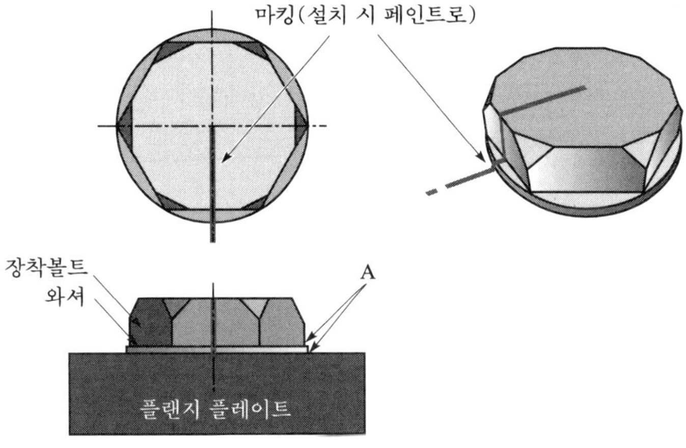

그림 2.1.4 적층고무 면진장치 체결부 확인

c) 적층고무 변위

가) 연직변위 계측 (그림 2.1.5 참조)

· 연직변위란 적층고무의 상하 플랜지 사이 거리의 수직방향 변형량을 의미하며, 준공검사 시 계측값을 기준값으로 하여 차이를 산정한다.

※ 준공검사 시 계측 위치는 직교한 네 곳으로 하며, 가능한 고무부분에 가까운 위치에서 계측한 후 해당 위치를 마킹한다.

· 계측기구는 다이얼 게이지 부착형 내경 마이크로미터(inside micrometer) 또는 높이 게이지(height gauge), 디지털 줄자 등을 이용한다.

· 육안으로 적층고무 플랜지부 및 체결볼트의 녹 상태를 확인한다.

· 계측위치는 준공검사와 동일한 위치와 개소로 한다.

· 계측단위는 mm로 하고, 소수점 첫째자리까지 기록한다.

· 계측결과에는 적층고무의 열팽창도 포함되어 있기 때문에, 필요에 따라 아래의 식으로 표준온도에서의 장치 높이를 환산하여 판정한다.

$$H = h-(\sum t_r \times \Delta T \times \rho)$$

H : 표준온도 환산시의 부재 높이

ΔT : 계측 시 온도 – 표준온도

h : 계측값 (계측값은 네 곳의 평균값)

t_r : 대상부재의 고무 총 두께

ρ : 적층고무의 선팽창계수 (연직방향)

주의사항)

표준온도 : 제조사 별로 제시하는 경우도 있지만, 20℃로 설정하는 경우가 많다.

선팽창계수 : 일반적으로 5.8 × 10^{-4}/℃을 사용하지만, 제조사가 제시한 값이 있는 경우 그 값을 사용한다.

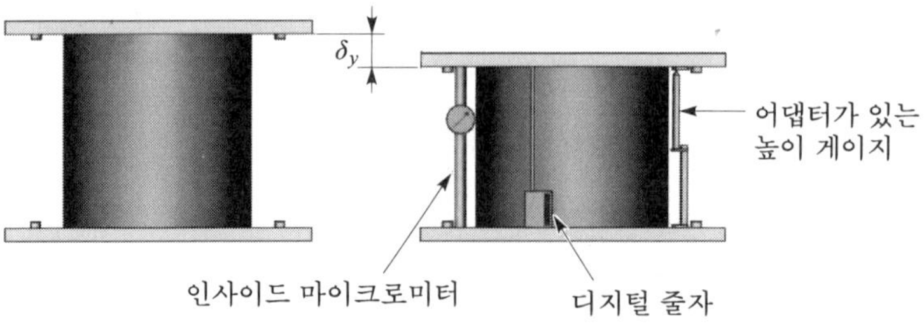

그림 2.1.5 적층고무 받침 연직변위 계측

나) 수평변위 측정 (그림2.1.6 참조)

· 수평변위란 적층고무 상하 플랜지 사이의 수평방향으로 어긋난 변형량을 의미한다.

· 계측 위치는 준공검사 시 마킹한 직교하는 두 곳으로 한다.

· 계측 단위는 mm로 하고, 소수점 첫째자리까지 기록한다.

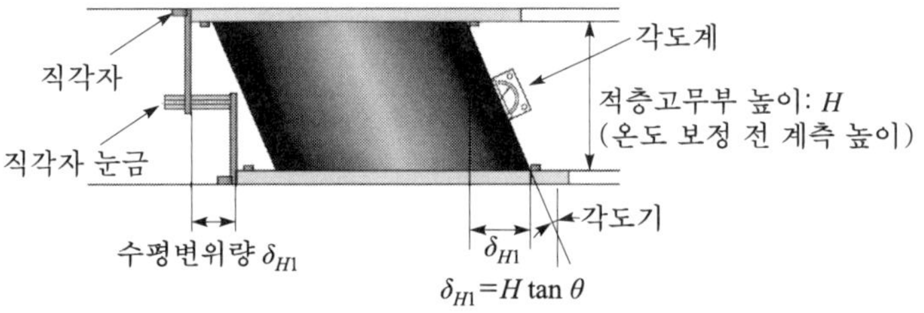

그림 2.1.6 적층고무 받침 수평변위 계측

d) 유지점검을 위한 마킹

준공검사 시 계측지점의 마킹은 이후 정기점검 시 기준이 된다. 준공검사 시에 필요한 표준적인 마킹 방법과 지그에 대해 설명한다. 계측지점의 마킹은 유성펜, 페인트 마커 등으로 할 수 있다. 시간의 경과에 따라 희미해지거나 박리가 발생하는 경우에는 정기점검 시에 재마킹을 해야 한다. 면진층 내에 조명 설비 또는 조명 콘센트가 있으면 육안의 확인이 용이하여 준공 이후의 유지관리 점검에 유용하다.

가) 적층고무의 수평변위 계측점 (그림 2.1.7 참조)

· 데이터 정리는 건축물의 주축(X·Y방향)에 맞추어 하부 플랜지의 직교 2방향으로 마킹한 위치를 수평변위 계측점으로 한다. 적층고무의 변위는 X·Y 방향의 벡터값 (제곱평방근)이 되는 것에 유의해야 한다.

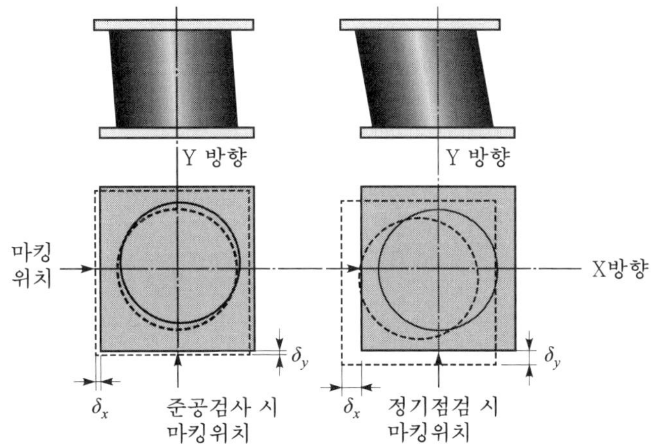

그림 2.1.7 받침 수평변위 계측 위치 마킹

나) 적층고무의 연직변위 계측점 (그림 2.1.8 참조)

· 연직변위의 계측점은 그림 2.1.8과 같이 하부 플랜지에 마킹되어 있는 네 곳으로 한다. 정형건축물의 경우, 관리하기 편리하도록 마킹점은 건축물의 X·Y축에 맞추어 결정한다. 또한, X·Y축에 볼트가 있는 경우에는 볼트 피치의 절반 정도 벗어난 위치에 마킹한다.

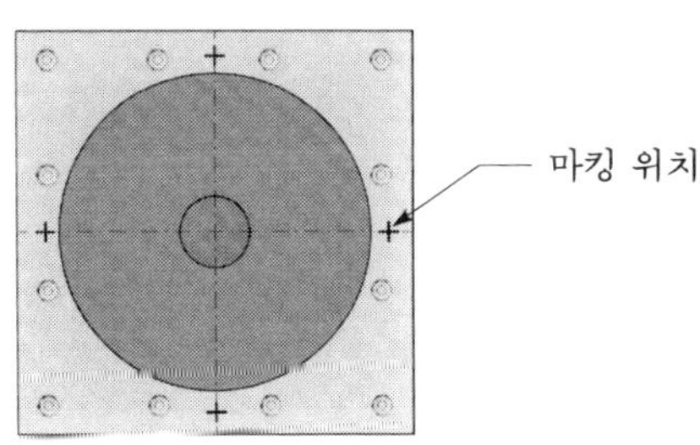

그림 2.1.8 적층고무의 연직변위 계측위치 마킹

(2) 슬라이딩 면진장치

슬라이딩 면진장치는 접촉면이 수평인 것과 곡률을 가진 종류가 있다. 여기에서는 접촉면이 수평인 슬라이딩 면진장치에 대해 기술한다.

a) 슬라이딩판의 외관

그림 2.1.9와 같이 육안으로 슬라이딩판의 먼지, 이물질, 녹, 부식 등의 손상상태를 확인한다.

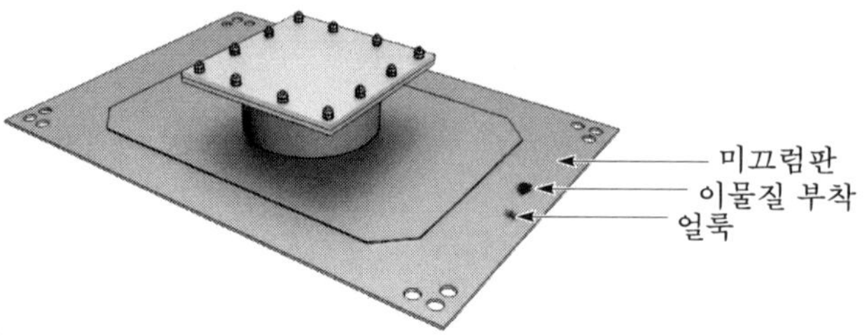

그림 2.1.9 슬라이딩 면진장치 외관 확인

b) 강재부분의 상태(녹, 부식, 체결부)

강재부분의 상태점검은 적층고무 면진장치 점검에 따른다.

c) 슬라이딩 면진장치 변위

가) 연직변위 계측

- 연직변위는 면진장치 고정용 플랜지와 슬라이딩판 사이의 거리(내부높이)를 계측하여 준공검사 시 계측값과의 차이로 산정한다.
- 계측 단위는 mm로 하고, 소수점 첫째자리까지 기록한다.
- 육안으로 슬라이딩판과 면진장치 사이에 간격이 발생했는지 확인한다.

나) 수평변위 계측

- 수평변위는 슬라이딩판과 마찰재의 수평방향으로 어긋난 변형량을 의미하며, 그림 2.1.20에 나타내는 방법으로 계측하여 준공검사 시의 계측값과 차이로 산정한다. 측정 시 슬라이딩판에 손상이 발생하지 않도록 주의해야 한다.
- 슬라이딩판의 손상이 관찰된 경우, 계측장치(자, 각도계 등)를 부착하여 손상정도를 사진 등으로 기록한다.

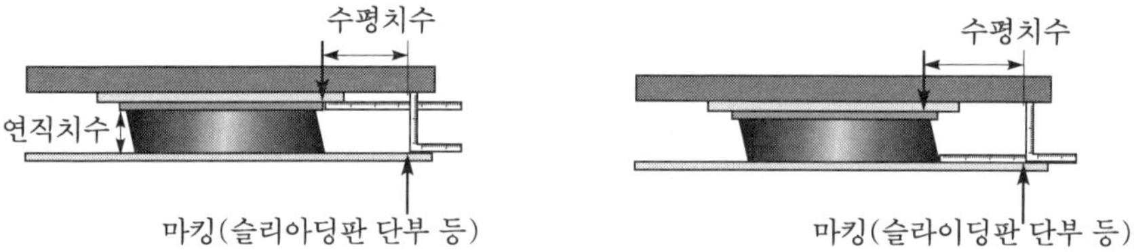

그림 2.1.20 슬라이딩 면진장치 연직·수평변위 계측

d) 방진커버 (방수·방유)

방진커버는 육안으로 찢어짐과 벗겨짐을 점검한다. 또한 각종 계측을 위해 커버를 분리할 경우에는 재장착할 때 커버가 손상되지 않도록 주의하고, 재장착 후에는 커버를 점검한다.

(3) 구름운동 면진장치

a) 구름운동 면의 외관

육안으로 구름운동 면의 먼지, 이물질, 녹, 부식, 손상 상태를 확인한다. 확인방법은 슬라이딩 면진장치 점검에 따른다.

b) 강재부분의 상황(녹, 부식, 체결부)

강재부분의 상태점검은 적층고무 면진장치 점검에 따른다.

c) 직선 구름운동 면진장치 변위 (그림 2.1.21 참조)

가) 연직변위 계측

- 연지변위는 그림 2.1.21의 [H1~H4]에 표시한 상하부 플랜지 사이의 거리(내부높이)를 계측하여 준공검사 시 계측값과의 차이로 산정한다.
- 하부 계측위치 네 곳에 마킹한다.
- 계측장치는 적층고무 면진장치와 동일하게 내경 마이크로미터(inside micrometer)를 사용한다.
- 계측 단위는 mm로 하고, 소수점 첫째자리까지 기록한다.
- 온도에 따른 높이의 변화는 작기 때문에 온도에 의한 보정은 하지 않는다.
- 상부 레일의 경사각은 내부 높이 계측값과 하부 플랜지 폭으로부터 다음의 식으로 계산한다.

$$\theta_x\,(rad) = \frac{(H1 + H3) - (H2 + H4)}{2 \times \text{하부플랜지폭}}$$

$$\theta_y\,(rad) = \frac{(H1 + H2) - (H3 + H4)}{2 \times \text{상부플랜지폭}}$$

나) 수평변위 계측

- 수평변위는 그림 2.1.21의 [L1~L4]에 표시한 4방향 레일의 가동길이(블록면에서 레일 단부까지)를 자로 계측하여 준공검사 시 계측값과의 차이로 산정한다.
- 레일 하나의 좌우 가동길이 차이의 1/2이 면진장치 중심위치의 어긋남 거리가 된다.

· 계측 단위는 mm로 하고, 정수로 기록한다.

· 직선 구름 면진장치의 설치방향은 일반적으로 외벽면과 상부 레일이 평행하도록 설치한다. 그림 2.1.21과 같이 동일 건축물이라도 90˚로 돌려서 설치하는 등 설치방향이 혼재하는 경우도 있다. 계측기록의 방향은 제품의 명판표시(그림 2.1.21)의 위치를 사용해도 되지만, 변위의 방향을 알 수 있도록 기록해야 한다. 레일에 먼지 등이 부착되어 있는 경우에는 청소를 해야 한다.

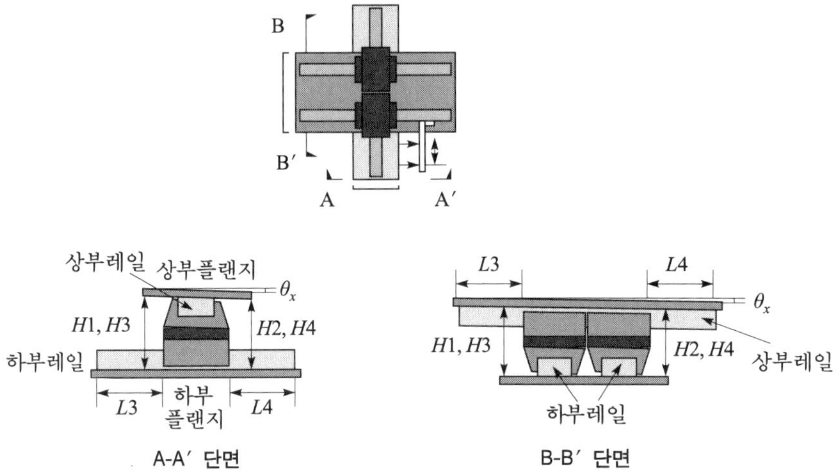

그림 2.1.21 직선 구름운동 면진장치의 연직·수평변위 계측

d) 구름운동 면진장치 변위

구름운동 면진장치의 연직 및 수평변위의 계측방법은 그림 2.1.22에 나타낸다.

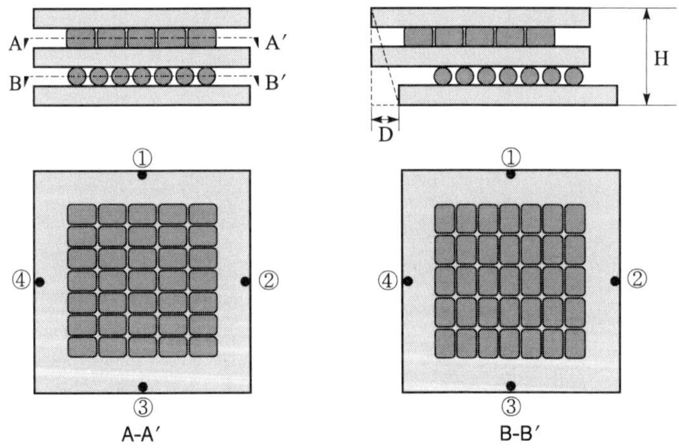

그림 2.1.22 구름운동 면진장치의 연직·수평변위 계측

2.2 면진층

2.2.1 건축물과 옹벽의 이격거리

계측지점은 배관과 골조, 마감과 설비 등, 면진측 부위와 비면진측 부위의 수평 및 연직 이격거리가 설계도서에 기재된 이격거리를 확보하고 있는지 확인한다. 이격거리 계측점은 건축물 네 모서리 각각 2방향 이격거리를 계측하는 개소에 금속판을 고정하거나 유성펜, 페인트 등으로 마킹한다. 골조 이격거리의 계측 예를 그림 2.2.1 및 그림 2.2.2에 나타낸다.

준공검사에서는 이격거리의 계측지점을 마킹한 후 계측하여 기록한다.

정기점검에서는 수평 이격거리에 대해서 건축물과 옹벽(모서리 4개소 이상)을 대상으로 하고, 연직 이격거리에 대해서는 상부구조의 내민 바닥면과 옹벽을 대상으로 한다. 이격거리가 가장 좁은 위치를 계측지점에 덧붙여 기록하며, 계측 단위는 mm로 하고 정수로 한다.

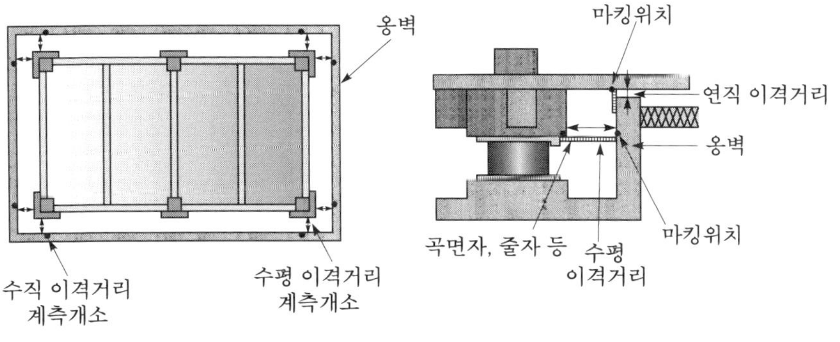

그림 2.2.1 골조간의 이격거리의 계측 예

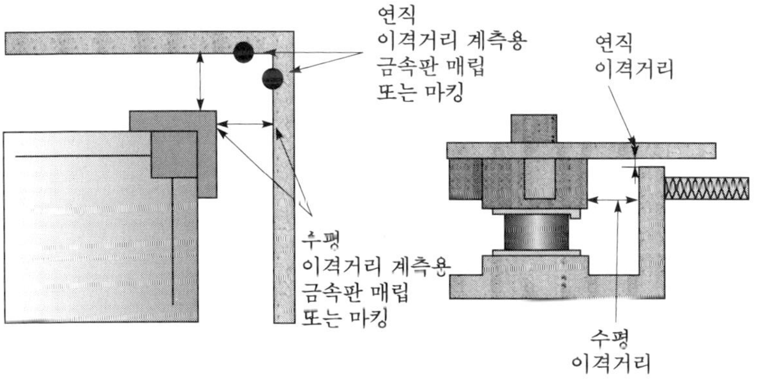

그림 2.2.2 골조의 이격거리 계측위치의 마킹

2.2.2 면진층 내 환경

면진층은 용도가 지정되지 않더라도 건축법에 명시된 거실이나 창고 및 주차장으로 사용할 수 없다. 설치된 물품이 지진 시 면진 건축물의 움직임을 방해하거나 설비배관이나 전기설비에 손상을 주지 않는지 확인한다. 면진장치에 내화피복이 되어 있지 않은 경우에는 면진층에 가연물이 없는 것을 확인한다. 배선다발 등이 고밀도로 배치되어 있는 경우에는 준공검사 시 기록에 남긴다.

면진층에는 지하수의 누수나 빗물이 유입되는 경우가 있다. 배수가 잘 되지 않으면 면진층에 물이 고여 강재부분에 결로 등으로 녹이 발생하거나 전기설비의 침수 등으로 위험한 상황이 발생할 수 있으므로 결로나 배수 상황을 육안으로 확인한다.

2.2.3 건축물 위치

수직 내림추 등을 이용하여 계측하는 위치는 내림추 하부의 마킹(영점)을 확인하고 원점으로부터의 이동량을 계측한다. 계측 예를 그림 2.2.3 및 그림 2.2.4에 나타낸다.

- 건축물 위치를 계측하는 위치 상부에 내림추용 후크를 설치하고 하부에 마킹(영점)한다.
- 내림추는 건축물 네 모서리와 중앙부에 설치하는 것을 권장한다.

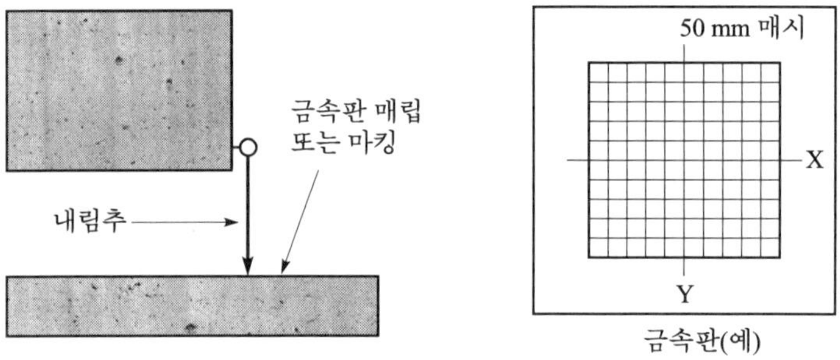

그림 2.2.3 건축물의 계측위치의 마킹

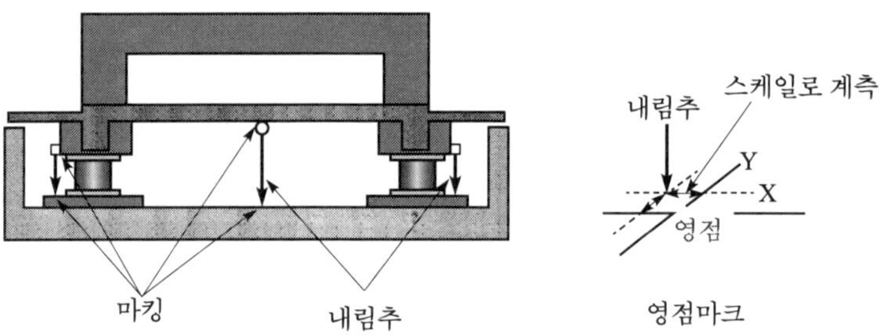

그림 2.2.4 건축물위치표식의 설치장소(예)

2.3 설비배관 및 전기배선

2.3.1 설비배관 변형 이음

설비배관에서 면진기능에 영향을 주는 것은 플렉시블(flexible)이음 설치위치와 유연성이므로 건축물의 움직임을 수용하면서 배관 자체의 기능도 유지할 필요가 있다. 따라서, 유지점검에서는 플렉시블이음뿐만 아니라 그 주변에 대해서도 육안으로 확인한다. 특히 열화상태나 누액 등에 주의하여 점검한다. 또한, 배관 상호 간 및 골조와 배관 간의 이격거리가 확보되어 있는지를 확인한다.

- 설치 위치
  플렉시블 이음이 적정한 위치에 설치되어 면진건축물의 움직임을 수용할 수 있는지 확인한다. 대구경 배관의 경우는 움직임의 확인이 어렵기 때문에 유연한 구조로 되어 있는지 확인한다.

- 열화상태 및 누액
  배관, 플렉시블이음, 배관 지지대, 주변 골조 등의 열화상태나 누액 등을 점검한다.

- 흠 및 균열
  플렉시블 이음부나 그 주변에 흠이나 균열이 있는지 육안으로 점검한다.

- 이격거리
  설비배관과 관련된 이격거리는 배관 자체뿐만 아니라 이음 고정부, 배관 지지대, 고정 철물에 대해서도 점검한다.

- 추가공사
  면진층 내에 설비배관의 추가공사를 하는 경우에는 공사 후 위의 항목을 점검한다.

2.3.2 전기배선

면진층을 통과하는 전기배선이 기능유지를 하기 위해서는 면진장치의 변형을 수용할 필요가 있다.

• 여유길이

배선이 면진부와 비면진부에 걸쳐 있는 경우, 처짐 등의 여유길이가 설계에서 고려한 변위를 수용할 수 있는지 확인한다.

• 피뢰설비

면진건축물은 낙뢰 시 면진장치에 고압의 전류가 통과할 우려가 있다. 준공검사에서는 피뢰도체와 접지가 면진장치를 우회하고 있는 것을 확인한다. 일상점검, 정기점검 등에서는 육안으로 열화상태를 점검한다.

• 추가공사

면진부와 비면진부에 걸쳐 배선의 추가공사를 하는 경우에는 공사 후 점검 시에 그 부분에 대해 여유길이를 확인한다. 특히 본체 공사 완료 후에 외부에서 각종 인입선 공사를 한 경우는 여유길이 등이 적정하게 확보되어 있는지 확인한다.

2.4 건축물 외주부(외측부)

2.4.1 건축물 주변

면진건축물은 지진 시 상부구조와 면진층 사이에서 큰 상대 변위가 발생하여 이격거리가 좁아지거나 넓어지는 경우가 있다. 이러한 거동에 의해 공간이 더 좁아지거나 개구가 발생할 수 있으므로, 위험방지를 해야 할 사항에 대해 점검 시에 확인하여 보고한다.

면진 건축물 외주부에서 거동을 방해하는 장애물은 다음과 같다.

• 상부구조 가동범위 내 건축물·공작물·배관·수목·차량 등

2.4.2 면진 익스팬션조인트(Expansion joint)

면진 익스팬션조인트의 유지점검에 대해 각 점검시기의 점검항목 및 판정기준을 표 2.4.1에 나타낸다.

• 점검개소

면진 익스팬션조인트는 면진층과 연결되는 연결복도와 같은 특수한 부위에도 설치되어 있

는 경우가 있으므로, 실내외의 바닥, 벽, 천장 등에 설치된 면진 익스팬션조인트를 점검한다.

• 점검항목 및 점검방법

각 부위의 면진 익스팬션조인트 점검은 외관으로 확인할 수 있는 다음 항목에 대해 실시한다.

① 장애물 : 가동범위 내 장애물을 확인한다.

② 작동기구 : 기구, 작동 상태를 확인한다.

③ 마감재, 씰 : 열화 상태를 확인한다.

④ 강재의 녹 : 녹 발생 상태를 확인한다.

⑤ 설치부의 골조 상태 : 균열 상태를 확인한다.

⑥ 잔류변형 : 변형 상태를 확인한다.

⑦ 면진 익스팬션조인트 마감(덮개 등) 상태 : 마감의 손상이나 흔들림 상태를 확인한다.

⑧ 누수 : 누수 상태를 확인한다

점검은 원칙적으로 면진건축물유지관리기술자가 실시하는 것으로 하며 육안점검에서 이상이 발견된 경우는 보고서에 기재한다. 정밀점검 실시 여부는 관리자 혹은 면진설계자의 판단에 따른다. 정밀점검은 면진설계자나 제조자가 입회하여 실시하는 경우도 있다.

• 준공검사

준공검사를 실시할 때는 면진건축물유지관리기술자가 실시하고 면진설계자, 시공자의 입회를 원칙으로 한다. 면진 익스팬션조인트 설치 후의 공정에서 외관공사, 내외장공사 및 설비공사 등으로 면진 익스팬션조인트의 기능을 저해하는 요소가 있는지 확인한다. 예를 들어, 가동범위 내에 적치물이 없음을 확인한다.

• 유지점검

건축물관리자는 건축물이 준공된 후에도 면진 익스팬션조인트가 건전하게 작동하기 위해 면진건축물유지관리기술자에게 의뢰하여 일상점검이나 정기점검을 할 필요가 있다. 대상이 되는 면진 익스팬션조인트의 위치를 도식화하는 등 유지관리 계획서를 작성하고 면진 익스팬션조인트에 문제가 발생하지 않았는지 점검을 통해 확인할 필요가 있다.

제3장 해설(3.4 면진 익스팬션조인트)에서 개념에 대한 설명을 참고한다.

표 2.4.1 면진 익스팬션조인트의 유지점검

점검 내용	점검항목 (외관으로 확인 가능한 범위)	점검 방법	판정기준	검사·점검의 종류			
				준공 검사	일상 점검	정기 점검	긴급 점검
가동상태	장애물	육안	가동영역에 장애물이 없음	○	○	○	○
손상·열화 상태	작동기구주)	육안	기구, 작동상 문제가 없음	△	-	(○)	(○)
	마감재, 씰	육안	열화가 없음	-	△	△	△
	강재의 녹	육안	녹 발생 없음	△	○	○	-
	설치부의 골조상태	육안	균열 등이 없음	△	○	○	○
	잔류변형	육안	변형이 없음	△	-	-	○
	면진 익스팬션조인트 마감(덮개 등) 상태	육안	손상이나 흔들림이 없음	△	-	-	△
수밀상태	누수	육안	누수 없음	△	(○)	○	(○)

주) 작동 기구·변화상태(휨, 변형 등), 볼트·너트류의 설치상태 등을 확인한다.
△ 표시는 제조자의 점검범위이다
(○) 표시는 면진건축물유지관리기술자가 상황이나 필요에 따라 점검한다.
정밀점검 항목 및 실시방법은 변화상태(변형, 부식, 외관상의 이상)이나 피해상황에 따라 건축물소유자나 면진설계자가 결정한다.

2.5 기타

2.5.1 면진건축물 표시

출입구 또는 잘 보이는 장소에 면진 건축물이라는 표시와 그 외에 필요한 사항을 표시한다.

2.5.2 아날로그식 변위계

아날로그식 변위계는 금속판 등의 기록판에 바늘로 수평방향 움직임을 기록하는 방식이 있다. 기록판과 바늘이 손상되는 경우가 있으므로, 일상점검·정기점검·정밀점검에서 육안 등으로 변위기록 기능에 이상이 있는지 확인한다.

아날로그식 변위계에는 설치할 때 부터의 변위, 지진 시의 최대 변위, 방향 등 많은 정보가 기록되어 있다. 점검사항은 설치되어 있는 위치에서 원점으로부터 기록된 방향과 이동량이다. 지진이나 강풍에 의한 긴급점검 또는 정밀점검에서는 변위기록을 확인하고, 동시에 사진 등으로도 기록한다.

지진 후 반복되는 여진으로 인한 면진장치의 누적 손상은 변위 기록을 이용하여 추정할 수 있다. 변위 기록을 회수하는 경우에는 기록판이나 기록지의 교환이 필요하다.

2.5.3 별도 시험체

별도의 시험체가 설치되어 있는 경우 설치위치 및 개수가 설계도서와 일치하는지를 준공검사 및 정기점검에서 확인한다.

2.5.4 기타

다음과 같은 사항에 대해서도 사진 등으로 기록한다.

- 면진층 내에서의 면진기능과 관계가 없는 일반 배관의 부식으로 인한 누액
- 전기 케이블 열화(피복 손상)
- 면진층 내의 환경(먼지, 청소 상태)

면진장치 및 골조가 건전하더라도 지진이나 열화로 인해 설치부에 균열이나 손상이 발생할 수 있다. 균열이나 손상이 발생한 경우는 지진 시에 골조와 면진장치 사이의 응력전달이 곤란하게 되어 면진기능을 발휘할 수 없게 된다. 면진장치 점검 시에 육안으로 균열이나 손상 유무 등의 이상이 나타난 경우에는 사진 등으로 기록하는 것이 바람직하다.

Maintenance guideline of seismic isolating system

Chapter 3

해 설

Chapter 3

해설

3.1 이격거리

3.1.1 이격거리의 정의

이 절에서는 면진건축물유지관리기술자가 이격거리를 계측하고 관리값 범위의 타당성과 계측 수치에 대한 이해를 돕기 위해 관련 내용을 기술한다. 또한, 면진설계자가 이격거리를 결정할 때 고려해야 할 사항 또는 시공자가 고려해야 할 사항을 포함한다. 건축물마다 면진설계자의 의도와 표기가 다른 경우도 있다. 이러한 경우 면진건축물유지관리기술자는 점검을 실시하기 전에 설계도서에 기재되어 있는 이격거리를 시공자와 면진설계자에게 확인해야한다.

이격거리는 구조골조, 내외장재, 설비배관, 전기배선 등이 지진 시에 예상되는 변위와 다양한 요인으로 기능이 손실되지 않도록 하기 위해 필요한 것이다. 이격거리의 길이는 설계용 지진동에 의한 면진층의 응답변위, 지진동의 불확실성 등을 고려하여 결정한다.

3.1.2 이격거리의 종류

면진건축물의 이격거리의 종류는 아래와 같이 정의하고, 원활한 유지관리 점검을 위해 고려해야할 요인을 기술한다.

(1) 설계이격거리

설계이격거리는 건축물의 위치, 높이, 길이 등을 설정할 때 사용하는 이격거리로 면진설계자가 지진 시 응답 변위나 응답 값의 편차 등의 사항*을 고려하여 건축물 준공 시 확보해야 하는 이격거리이다. 이 이격거리는 건축물 준공 시 확보할 필요가 있기 때문에 설계도서에 기재되어야 한다. 설계이격거리는 면진설계자가 제시하므로 이 지침에서는 고려할 사항에 대해서만 기술한다.

(2) 최소이격거리

최소이격거리는 해당건축물의 면진성능을 유지하기 위해 요구되는 최소한의 이격거리이다. 허용할 수 있는 잔류변위 등을 고려한 관리값으로 면진설계자가 제시하며 이격거리는 이 값을 상회하도록 한다. 유지관리 점검에서 이격거리의 계측값이 최소이격거리를 하회하는 경우에는 지진 시 골조와 옹벽 등이 접촉 또는 충돌할 가능성이 높으므로 면진설계자의 지시에 따라 대응할 필요가 있다. 따라서 면진층에 전기·가스·상하수도, 정보통신 등의 배선, 배관이 있는 경우에는 충돌에 의한 영향을 고려해야 한다. 지진 후 잔류변위로 이격거리가 최소이격거리를 하회하는 개소가 있는 경우에는 상부구조를 원위치로 되돌리는 것이 필요할 수도 있다.

(3) 이격거리 시공 시 고려해야 할 사항

시공자는 설계이격거리에 따라 거푸집 설치위치 등을 계획하고 시공한다. 설계이격거리에 고려해야 할 사항*이 통일되어 있지 않은 경우가 있기 때문에, 시공자는 설계이격거리에 어떠한 사항을 포함하여 설정한 것인지 면진설계자에게 확인하는 것이 중요하다. 또한, 시공오차의 설정에 대해서 면진설계자, 공사 관리자와 협의해야한다.

* 이격거리에 영향을 미치는 사항
- 수평방향 : 구조체의 온도신축, 콘크리트의 건조수축, 잔류변위 등
- 연직방향 : 상시하중에 의한 적층고무 면진장치의 변형, 적층고무 면진장치의 크리프변형, 적층고무 면진장치의 온도신축 등

3.1.3 수평이격거리

면진건축물은 면진층에 큰 수평변위가 발생하기 때문에 상부구조와 하부구조 사이에 설계도서에 명기되어 있는 수평이격거리를 확보하여 구조체 간의 접촉·충돌하는 것을 방지해야한다.

그림 3.1.1은 수평방향의 이격거리의 개념을 나타낸다. 또한, 설계이격거리는 면진설계자가 고려하는 사항이 다른 경우도 있지만, 일반적으로 다음과 같은 사항을 고려한다.

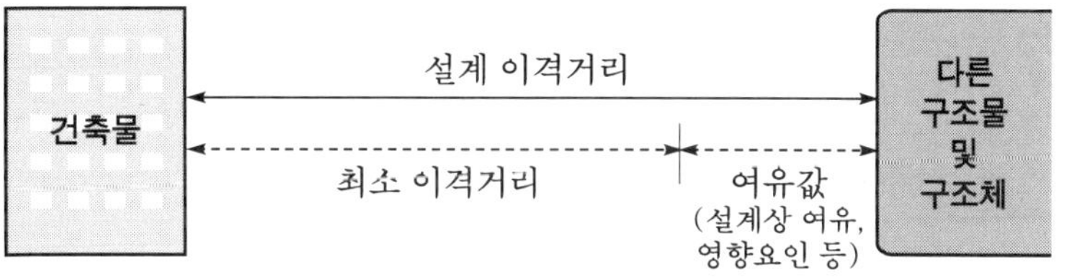

그림 3.1.1 수평이격거리의 개념

설계도서에 명기되어 있는 설계이격거리는 골조의 온도신축과 그 외의 요인으로 실제 건축물에서 계측된 값과 차이가 발생하는 경우가 있다. 수평이격거리에 영향을 미치는 주된 요인은 표 3.1.1과 같다. 이 표에서 제시하고 있는 수치는 일반적인 값으로 각 건축물의 특성에 따라 다를 수 있다.

표 3.1.1 수평 이격거리에 영향을 미치는 요인(예)

요인	해설
온도 신축	철근콘크리트의 선팽창계수는 $1.0 \times 10^{-5}/℃$ 정도이다. 건축물의 길이가 50m이면 혹한기(0℃)와 혹서기(30℃)의 온도 변화에 따라 $50 \times 10^3 \times 1.0 \times 10^{-5} \times (30-0) = 15$mm 정도의 길이변화가 발생하는 경우가 있다. 건축물 중심을 기준으로 하면 한쪽으로 7~8mm정도 신축한다는 의미가 된다. 온도변화가 작은 지중에 설치되는 건축물의 기초와 옹벽 등의 하부구조도 온도변화로 신축하지만, 이격거리에 미치는 영향은 작다.
건조 수축	콘크리트는 타설 직후부터 경화되면서 수축을 시작한다. 콘크리트의 평균수축률은 8×10^{-4} 정도이며, 길이가 50m인 면진건축물의 경우, 상부구조는 $50 \times 10^3 \times 8 \times 10^{-4} = 40$mm 정도 수축한다. 하지만 철근콘크리트 부재는 철근이 수축을 구속하고, 하부구조도 수축하기 때문에 이격거리에 미치는 영향은 이 값보다 매우 작을 수도 있다. 콘크리트의 건조수축이 장기간 지속되어 이격거리가 커지는 경우도 있다.
시공 오차	일반적으로 콘크리트 구조물의 시공오차는 10~20mm로 알려져 있다. 수평이격거리는 시공오차의 약 2배, 즉 시공계획보다 최대 40mm 감소할 가능성이 있다. 실제로는 한쪽 방향으로 오차가 집중할 확률은 매우 낮다. 면진건축물의 중요한 요소인 수평이격거리를 확보하는 데 있어서, 너무 큰 시공오차를 허용해서는 안 된다는 견해도 있다. 적정한 설계이격거리를 확보할 수 있도록 해당 건축물의 특성을 잘 고려하여 설정할 필요가 있다.
잔류 변위	면진건축물은 지진과 태풍에 의해 잔류변위가 발생하는 경우가 있다. 잔류변위는 상부구조가 지진의 흔들림이 끝나는 시점에서 어떤 방향으로 이동하여 정지할 때에 발생하는 변위이다. 면진장치에 탄소성적 거동을 나타내는 고감쇠 고무계 적층고무 면진장치과 납봉삽입형 적층고무 면진장치 또는 슬라이딩 면진장치 등의 부재를 사용한 경우에 잔류변위가 발생하는 경우가 있다. 허용 잔류변위의 크기는 50mm정도로 설정하는 경우가 많지만, 여진 등으로 반복된 흔들림이 지속되면 잔류변형이 증가하는 경우와 원점으로 되돌아가는 효과로 잔류변형이 감소하는 경우도 있다.

3.1.4 연직이격거리

면진건축물에서는 상부구조와 하부구조와의 수평이격거리가 확보되어 있어도 지진 시에 수평변위를 구속 또는 접촉하고 있는 부재가 손상될 가능성이 있다 (면진장치 이외의 부위에서 상부구조와 하부구조가 연직방향으로 근접하거나 접촉되는 경우).

따라서 상부구조와 하부구조의 사이에 50mm정도의 연직이격거리를 확보하고 구조체간의 접촉을 방지할 필요가 있다. 그림 3.1.2는 연직이격거리에 대한 개념을 설명한 것이고, 설계연직이격거리는 설계용 지진동에 의한 응답값 및 응답값의 편차에 대한 여유를 고려하여 설정할 수 있다. 그 외에 연직이격거리에 영향을 미치는 주요 요인을 표 3.1.2에 나타낸다. 연직이격거리 설정에 있어서 면진설계자에 따라 고려하는 사항이 다를 수 있다.

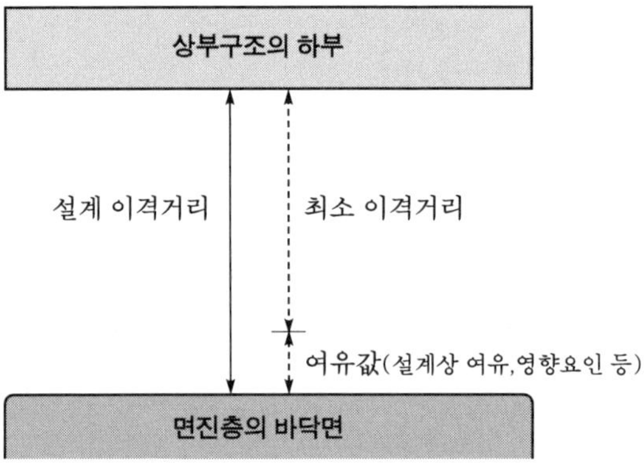

그림 3.1.2 연직이격거리에 대한 개념

표 3.1.2 연직이격거리에 영향을 미치는 요인(예)

요인	해 설
처짐 (상시하중 시)	적층고무 면진장치는 시공 시에 상재하중이 증가함에 따라 연직방향으로 탄성수축하는 특성이 있다.
크리프 변위	적층고무 면진장치는 장기간 상부구조를 지지하면 크리프 변위가 발생하여 높이가 약간 감소하는 경향이 있다. 크리프 변위는 지지하중(면압)과 고무의 종류 등에 따라 다르다. 60년 후를 추정하는 실험에서는 고무 총높이의 2~3%의 변위가 발생하는 것으로 보고되고 있으며, 제조사의 기술자료에는 6~8%라고 기재되어 있는 경우도 있다. 예를 들어, 고무 총높이가 250mm이면 5~20mm정도의 크리프 변위가 발생한다는 의미가 된다.
온도 신축	적층고무 면진장치의 연직방향의 선팽창계수는 고무의 종류에 따라 다르지만, 일반적으로 5.8×10^{-4}/℃ 정도이고 온도변화에 의해 신축한다. 따라서 정기점검 시에 계측한 적층고무의 높이는 표준온도(일반적으로 20℃)로 환산하여 준공검사 시의 계측값과 비교한다.
시공 오차	연직이격거리를 50mm로 설정한 경우, 시공오차는 최대 5mm미만으로 억제하는 것이 바람직하다.

3.1.5 설비배관, 전기배선의 이격거리

설비배관, 전기배선(케이블 랙) 등의 플렉시블 이음을 설치하고 여유길이를 설정할 수 있다. 지진 시 면진층에 수평변위가 발생한 경우, 3차원 거동을 나타내므로 구조체와 설비배관, 전기배선 간의 접촉·충돌이 발생하지 않도록 수평과 연직이격거리를 확보할 필요가 있다. 또한, 설비배관, 전기배선 등의 경우, 그 중요도에 따라 별도로 이격거리를 설정할 수도 있다.

3.1.6 이격거리 설정시 유의사항

(1) 성능설계

이격거리의 설정에는 지진 시 건축물에 변위가 발생하였을 때 손상을 고려한 설정과 손상을 허용하지 않는 성능설계(무손상 설계) 방법이 있다. 건축계획상 전자를 손상 허용 설계, 후자를 무손상 설계로 분류한다. 각각의 설계에 대한 유의사항은 다음과 같다.

a) 손상 허용 설계

건축물에 근접한 펜스 등은 사람과 동물의 침입을 방지하기 위해 건축물에 밀착히여 설치하는 경우가 있다. 손상을 허용하는 설계에서는 아래 사항에 대해 주의해야 한다.

· 면진성능에 영향을 미치지 않을 것
· 인명피해와 구조체 손상이 발생하지 않을 것
· 소유자와 사용자에게 문서 등으로 설명할 것
· 손상된 경우의 보수비용 책임 주체를 명시할 것

b) 무손상 설계

손상을 허용하지 않는 설계에서는 아래 사항에 대해 주의해야 한다.

· 면진부와 비면진부의 상대변위를 허용할 수 있는 범위로 설정할 것

(2) 기타

면진성능에 미치는 영향이 작지만 이격거리 설계 또는 시공 시에 고려해야 할 사항은 아래와 같다.

· 곰조와 배관에 설치되어 있는 단열재(단열재 두께)
· 배관의 플랜지 이음부(플랜지의 외측부분이 구조체 등과 접촉)
· 케이블 랙의 지지 볼트부(지지 볼트부분이 구조체 등과 접촉)
· 면진장치의 체결볼트의 돌출부와 배관(플랜지 이음부와 볼트 여장부분과의 접촉)
· 건축물 외주부의 주차 공간(건축물 상부구조와 주차차량과의 이격거리)

· 건축물 구조체와 외주부의 수목(수목은 생장에 따라 줄기가 두껍게 됨)
· 사람과 차량이 통행하는 면진 익스팬션조인트부가 지진 시 밀려 올라오거나 공간이 발생하는 경우

3.2 면진 익스팬션조인트

면진 익스팬션조인트의 가동부는 마감에 의해 육안으로 확인할 수 없는 경우와, 비파괴 검사 등으로 점검을 할 수 없는 경우가 있다. 따라서 준공검사는 면진설계자와 제조자가 입회하여 실시하지만 일상점검, 정기점검, 긴급점검에서는 육안으로 외관점검 결과에 이상이 없는지를 확인한다. 또한, 점검결과에 따라서 면진설계자가 정밀점검이 필요하다고 판단하는 경우에는 면진설계자와 제조자가 입회하여 특별점검을 실시한다. 면진 익스팬션조인트의 설계는 손상 허용 설계와 무손상 설계로 구분할 수 있으며, 사용 편의성과 외관 및 비용 등을 종합적으로 고려한다.

특히, 손상 허용 설계의 적용 시에는 면진설계자가 건축주에게 손상 허용 정도를 사전에 설명해야 한다.

3.2.1 불량 원인과 점검원칙

면진 익스팬션조인트의 불량 원인은 설계, 시공, 유지관리 등으로 분류할 수 있다.

(1) 설계

· 3차원 거동과 크기가 고려되지 않음.
· 부품으로 인한 원인(마찰 등)으로 지진 시에 예상대로 거동하지 않음.
· 사용장소가 제품의 메커니즘에 부합하지 않아 거동에 장애가 발생함.
· 마감 등의 중량과 적재하중이 제품의 용량을 초과하여 거동에 장애가 발생함.

(2) 시공

· 면진 익스팬션조인트 시공과 후속공사에서 거동을 방해하는 마감과 장애물이 설치되어 거동이 장애됨.

· 시공오차가 제품의 요구성능을 만족하지 않아 거동에 장애가 발생함.

(3) 유지관리

· 청소 상태 불량으로 이물질이 쌓여 거동에 장애가 발생함.

면진 익스팬션조인트의 가동부는 마감에 의해 육안으로 확인할 수 없는 경우도 있고, 비파괴 검사 등으로 점검을 할 수 없는 경우가 있기 때문에 다음과 같은 사항을 고려하여 점검하는 것을 원칙으로 한다.

- 면진 익스팬션조인트 설계 시에는 면진구조 관련 기술전문가가 (1)설계 사항을 검토한다.
- 시공 시에는 면진설계자 또는 시공자가 건축주에게 면진 익스팬션조인트의 구조, 메커니즘, 가동범위 등의 취급설명서를 제출한다.
- 준공검사에서는 마감재 시공 전에 면진구조 관련 기술전문가가 점검하고 그 작동에 장애가 없는지를 확인한다. 또한, 유지점검에서 필요한 항목에 대해서는 면진건축물유지관리기술자가 실시하는 경우도 있다.
- 일상점검에서는 육안으로 열화, 손상, 가동범위 내 장애물 유무, 가동부의 변형, 설치부의 연결 상태를 확인한다.
- 계측을 동반하는 정밀점검에서는 면진건축물유지관리기술자가 제조자의 협력을 받아 상세한 점검을 실시한다.
- 면진건축물유지관리기술자는 면진 익스팬션조인트에 대한 전문지식을 확보해야 한다.

3.2.2 시공 시 검사

시공자는 면진 익스팬션조인트 설치 전에 도면에 기재된 성능을 발휘할 수 있는 상태인지 확인하고, 설치 후에는 시공 시 검사를 실시한다.

- 시공자는 설치된 면진 익스팬션조인트가 시공 시 검사 이후의 공정으로 인해 성능 발휘에 장애가 있는지 건축물 준공 시에 확인한다.

3.2.3 내구성능

면진 익스팬션조인트의 내구연한을 건축물과 동등 이상으로 요구하는 것은 현재 기술로는 제한이 있으므로, 장기간 경과했을 때 성능확인에 주의가 필요하다. 면진 익스팬션조인트는 옥내 또는 옥외에 설치되는 건축부재로 내구연한은 설치환경, 건축물용도, 유지관리 정도 등에 따라 차이가 크다.

일반적으로 면진 익스팬션조인트의 내구연한은 사용재료에 따라 10년~20년 정도이다.

3.3 기타

3.3.1 부동침하

부동침하의 계측은 점검기술자의 점검범위는 포함되지 않는다. 설계도서 등에 기재 되어 있는 경우에는 관계 전문기술자가 실시한다.

부동침하가 면진건축물 성능에 미치는 영향이 크지만 실제 부동침하를 계측하는 사례는 적다. 부동침하의 계측은 직접기초의 경우에는 건축물 외부에 부동의 기준점을 정하고 기초시공 후에 기초의 각 지점에서 레벨 측량한 값을 초기값으로 한다. 계측된 초기값은 경과연수에 따라 부동침하량을 측정하는 기준값이 되기 때문에 매우 중요하다. 건축물 준공 후에 즉시침하량을 계측하고 정기점검 시에 압밀침하량을 계측한다.

장래에 걸쳐 건축물의 절대침하량을 추적 계측하는 경우는 인접한 대형 토목구조물의 특정점 등을 부동의 기준점으로 한다. 부지 바깥쪽에는 기준점을 마킹할 수 없기 때문에 다음 회차의 점검에서 파악할 수 있도록 부동의 기준점을 설정하여 기록한다. 또한, 건축물의 상대침하량을 계측하는 경우는 건축물 중앙 부근에 마킹한 곳을 기준점으로 하여 그 곳을 기준점으로 하여 건축물 네 모서리의 레벨을 계측한다. 복수의 동이 존재하는 경우는 옆 동간의 상대침하량이 발생하는 경우가 있으므로 부동침하 측정 시에 상대침하량도 측정한다.

Maintenance guideline of seismic isolating system

appendix

부 록

부록 1

점검예시

면진장치

[사진 A.1.1 디지털 줄자, 줄자를 이용한 면진장치 높이 측정]

[사진 A.1.2 면진장치 외관 확인]

[사진 A.1.3 체결마킹 확인(볼트체결의 풀림 확인)]

[사진 A.1.4 면진장치의 수평변위 및 어긋남 확인]

면진층

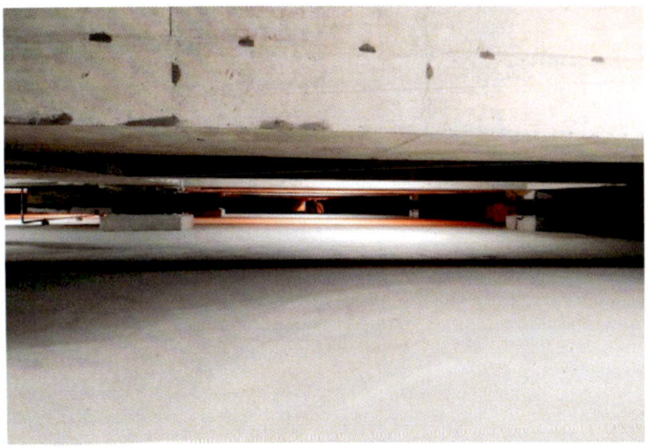

[사진 A.1.5 면진층의 가연물 등 적재물 유무 확인]

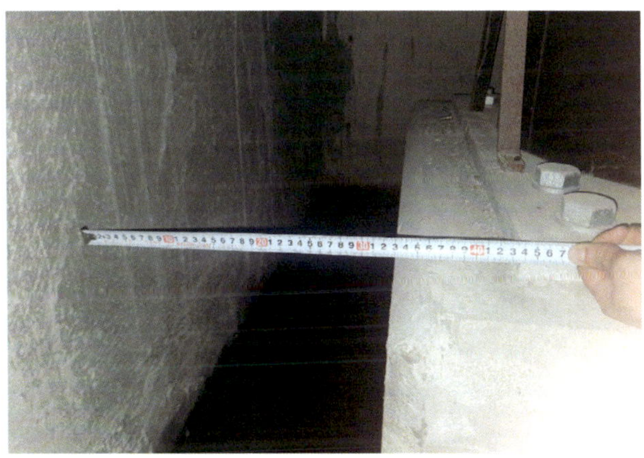

[사진 A.1.6 줄자를 이용한 건축물측과 지면측(옹벽)의 수평이격거리 측정]

[사진 A.1.7 면진층의 배수구 설치 확인]

설비배관 및 전기배선

[사진 A.1.8 전기배선의 고정여부(면진 상부층) 확인]

[사진 A.1.9 플렉시블 이음의 확인]

건축물 외주부(외측부)

[사진 A.1.10 건축물 외주부에서의 이격거리]

[사진 A.1.11 면진 익스팬션조인트의 설치 확인]

[사진 A.1.12 벽체의 수직이격거리 확인]

[사진 A.1.13 면진층 계단의 수직이격거리 확인]

[사진 A.1.14 건축물측과 지면측(옹벽)의 수평이격거리 확인]

기타

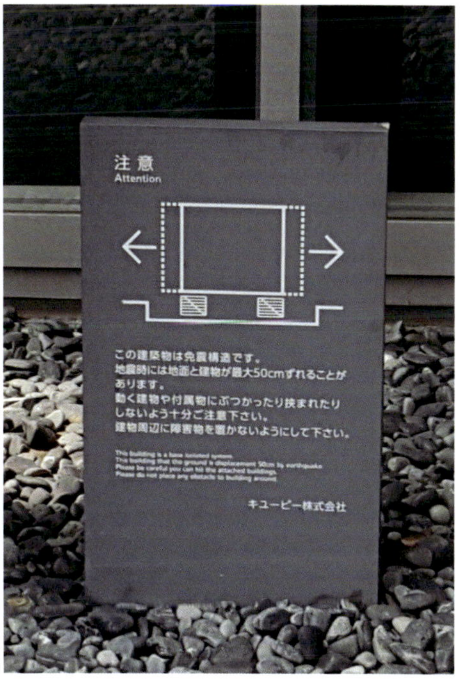

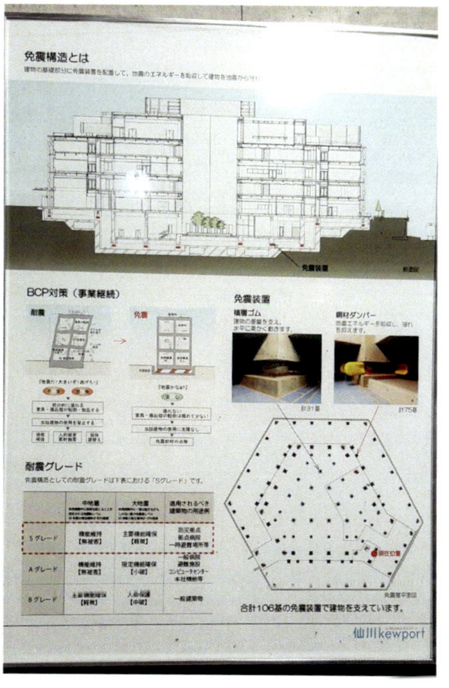

[사진 A.1.15 면진건축물표시 사례]

[사진 A.1.16 아날로그식 수평변위계의 설치 적용]

부록 2

유지관리 보고서 예시

면진건축물 점검표				(준공/일상/정기/긴급/정밀)	
장 소	OO 데이터센터 면진PIT층			일 자	0000.00.00. (0)
점검자	회사명 담당부서 담당자이름 직함				
관리자	회사명 담당부서 담당자이름 직함				
점검항목	점검부위	관리항목	관리방법	점검결과	후속조치
	면진장치	외관	육안(확인)		
		강재부	육안(확인)		
		연직변위	계측		
		수평변위	계측		
		방진커버	육안		
	면진층	건축물측-지면측 이격거리	계측		
		장애물/ 가연물	육안(확인)		
		내림추	육안(확인)		
	설비배관 및 전기배선	설비배관	육안(확인)		
		전기배선	육안(확인)		
	건축물 외주부	구조체 이격거리	계측		
		주변장애물	육안(확인)		
		수평개구부	육안(확인)		
	기 타	면진건축물	육안(확인)		
		수평변위계	육안(확인)		
		작동불량	육안(확인)		

면진층 평면도 (*점검 면진장치, 건축물측과 지면측의 이격거리, 내림추, 수평변위계 등 표현)

■ 제품고유번호 (X열/Y열)

면진장치 상세도		

점검항목	점검사진	점검결과			
면진장치 외관					
강재부					
연직변위		①	②	③	④
수평변위		①		②	
방진커버					

■ 면진층 및 설비배관/전기배선

<table>
<tr><th>점검항목</th><th>점검사진</th><th colspan="3">점검결과</th></tr>
<tr><td rowspan="6">건축물측과
지면측의
이격거리</td><td rowspan="6"></td><td></td><td>가로</td><td>세로</td></tr>
<tr><td>①</td><td></td><td></td></tr>
<tr><td>②</td><td></td><td></td></tr>
<tr><td>③</td><td></td><td></td></tr>
<tr><td>④</td><td></td><td></td></tr>
<tr><td colspan="3"></td></tr>
<tr><td>장애물
가연물</td><td></td><td colspan="3"></td></tr>
<tr><td>내림추</td><td></td><td colspan="3"></td></tr>
<tr><td>설비배관</td><td></td><td colspan="3"></td></tr>
<tr><td>전기배선</td><td></td><td colspan="3"></td></tr>
</table>

■ 건축물 외주부 및 기타

점검항목	점검사진	점검결과
구조체 이격거리		
주변장애물		
수평개구부		
면진건축물		
수평변위계		
작동불량		

면진건축물 유지관리 가이드라인 정가 12,000원

저　자 : (사)한국면진제진협회

발행인 : 임정대
발행처 : 도서출판 구미서관

발행 : 2025년 7월 17일

등록 : 1979년 6월 29일 No.9-6호

주소 : 서울시 마포구 신촌로2길 5-15
전화 : 02-333-1101
팩스 : 02-335-2201
http://www.goomibook.com

ISBN 979-11-6257-315-0 (93540)